Michael Dienst

Transactions in Bionic Patents - Einwegspritzensystems auf Blisterbasis

GRIN Verlag

Bibliografische Information der Deutschen Nationalbibliothek:

Die Deutsche Bibliothek verzeichnet diese Publikation in der Deutschen National-
bibliografie; detaillierte bibliografische Daten sind im Internet über http://dnb.d-
nb.de/ abrufbar.

Impressum:

Copyright © 2012 GRIN Verlag GmbH
Druck und Bindung: Books on Demand GmbH, Norderstedt Germany
ISBN: 978-3-656-32693-9

Transactions in Bionic Patents

Traktat über die Beiträge zu den "Transactions in Bionic Patents"

Die "Transactions in Bionic Patents" bilden eine Sammlung von Schriften zu Patent- und Gebrauchsmusteranmeldungen im Themenfeld Biologie & Technik die in loser Reihenfolge und Terminus erscheint.

Gegenstand der Beiträge zu den Schriften der "Transactions in Bionic Patents" sind Gestaltungsfragen und die kritische Auseinandersetzung mit aktuellen Themen der Bionik, also Technik nach Vorbildern aus der belebten und unbelebten Natur und ihre patentrelevante Umsetzung.

Mit den "Transactions in Bionic Patents" soll der Fortschritt auf dem Gebiet der angewandten Bionik dadurch gefördert werden, dass die dargestellten Patente und Gebrauchsmuster frei von Rechten Dritter und mit ausdrücklicher Genehmigung der Patentanmelder und Inhaber dem Leser dieser Schriften zur Nutzung verfügbar werden.

Gleichzeitig wird ein tieferes Verständnis der Bionik innerhalb des Fachs und der Öffentlichkeit her- und ein rezentes Problemfeld wirklichkeitsnah und verständlich dargestellt. Als Übergeordneter Aspekt gilt es, Lösungswege der Übertragung biologischer Phänomene zu untersuchen, auszuleuchten und Fragestellungen die im Zusammenhang stehen mit Natur und Technik nachzugehen sowie Forschung und Ausentwicklung zum Thema anzustoßen

Die Beiträge zur Schriftensammlung "Transactions in Bionic Patents" sind in deutscher Sprache verfasst. Dem Text kann eine teilweise oder vollständige Übersetzung in englischer Sprache beigestellt werden; Art, Umfang, Anordnung und Organisation der Textteile sind dem Autor überlassen und frei. Die englische Fassung soll den Umfang der deutschen Fassung nicht überschreiten.

In einer Ausgabe der Schriftensammlung "Transactions in Bionic Patents" soll nur ein Werk platziert werden. Der Text kann durch Abbildungen ergänzt werden; die Bildrechte und andere Urheberrechte sind dabei zu achten.

Die jeweiligen Gebrauchsmuster- oder Patentschriften sind dem Anhang beigefügt.

M. Dienst, Berlin.

Einwegspritzensystems auf Blisterbasis

(Forschungsansatz)

Dipl.-Ing. Michael Dienst

University of Applied Sciences Berlin, Germany

BIONIC RESEARCH UNIT

Themenschwerpunkt: Optimierung der elastischen und plastischen Formänderung von Membranen

Thema: Modellierung und Simulation der Fluid-Struktur- Wechselwirkung der elastischen und plastischen Verformung von Einmal-Injektionssystemen auf Blisterbasis.

University of Applied Sciences Berlin, Germany

BIONIC RESEARCH UNIT

Die Idee der Forschung mit dem Themenschwerpunkt „Optimierung der elastischen und plastischen Formänderung von Membranen" zielt auf ein neuartiges Einweg- Blister- Injektionssystem zur Körperblutentnahme und zum Applizieren von flüssigen Wirkstoffen. Das anvisierte Vorhaben fokussiert letzteres und behandelt die Modellierung und computergestützte Simulation der elastischen Formänderung und der mechanischen Plastifizierung eines funktionalen Blisters sowie die Untersuchung der komplexen Innenraumströmung während der Wirkstoffapplikation in einem gekoppelten Ansatz der Simulation der Fluid- Struktur- Wechselwirkung.

Gegenstand der Forschung ist ein Applikationssystem bei dem durch eine Kombination der aus der Verpackungstechnik bekannten Kunststoff- Blister und einem Injektor, ähnlich einer Einwegspritze, ein Injektionssystem entsteht, welches auf Grund einer integrierten Bauweise preisgünstig und in der Handhabung einfach ist. Die Technologien zur Fertigung sind Stand der Technik. Das neuartige Einweg- Blister- Injektionssystem eignet sich grundsätzlich zur Massenproduktion.

Das Blister-Injektionssystem ist, wie oben beschrieben, die gestalterische Kombination einer Blisterverpackung und einem Einwegspritzensystem in einer integralen Konstruktion. Bei der anwendungsorientierten und produktnahen Ausgestaltung dieses neuartigen Injektionssystems treten Fragestellungen auf, die eine detaillierte Untersuchung mit den Mitteln der computergestützten Strukturanalyse, der Strömungsanalyse und der Fluid-Struktur-Wechselwirkung nahe legen. Ziel der Forschung ist die gestalterische Optimierung des Einweg- Blister-Injektionssystems. Gegenstand der anvisierten Forschung ist ferner die Erarbeitung eines Simulations- und Berechnungsmodells der komplexen Fluid-Struktur-Wechselwirkung während des Aplikationsprozesses und die Verwertung praxisrelevanter Analyseergebnisse bei der Produktentwicklung mit Industriepartnern.

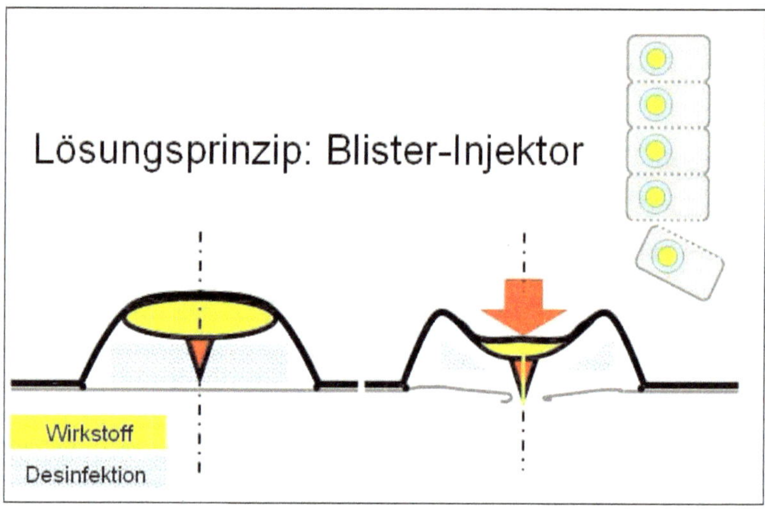

Die dem Lösungsprinzip zu Grunde liegende Aufgabe: „Einbringen kleiner Mengen fluidischer Wirkstoffe in das Oberflächengewebe biologischer Körper durch Injektion" besteht auch in der belebten Natur und ist dort in vielfältiger Weise bei Tieren und Pflanzen (durch evolutive Prozesse optimal) gelöst. Es ist zu untersuchen, ob und in welcher Weise Problemlösungen aus der belebten Natur Beiträge zur Optimierung eines technischen Injektionssystems leisten können.

Stand der Forschung und Technik.

Applizieren. Ein herkömmliches Einweg-Injektionssystem zur Applikation von flüssigen Wirkstoffen oder zur Entnahme von Körperblut, nachfolgend Einweg-Spritzensystem genannt, besteht aus einem zylinderförmigen Behälterraum, einem in der Regel von Hand beweglichen Kolben, einer Injektionsnadel und einer abnehmbaren Haube die die Injektionsnadel vor und nach dem Gebrauch schützt. Die Injektionsnadel wird mit dem Zylindervolumen durch Montage durch den Benutzer verbunden. Nach der Injektion wird durch eine Bewegung des Kolbens eine Volumenänderung erreicht. Beim Applizieren strömt das Fluid aus dem Zylinder durch die Injektionsnadel in das Hautgewebe.

Zylindergeometrie (Hub, Durchmesser) sowie Länge und Kaliber der Injektionsnadel variieren nach Art der Anwendung. Zylinderförmiger Behälterraum und Kolben bilden ein hydraulisches System. Das hydraulische System bildet mit Injektionsnadel und Haube ein funktionales Gesamtsystem.

Für Injektionssysteme sind Bauweisen bekannt, die das hydraulische Teilsystem aus zylinderförmigen Behälterraum und Kolben durch einen flexiblen Beutel aus Kunststoff ersetzen. Durch Druckbeaufschlagung (zwischen zwei Fingern) wird eine Volumenverkleinerung des Beutels erreicht und das Fluid kann durch die Injektionsnadel ausströmen.

Forschung und Entwicklung auf dem Gebiet der Einwegspritzsysteme zielt derzeit auf Materialfragen und Fertigungstechnologien. Das Lösungsprinzip „Applizieren" ist Stand der Technik. Ein Nebenaspekt ist der Umstand, dass Einwegspritzsysteme durchaus mehrmals wieder verwendet werden können. Um nun tatsächlich eine missbräuchliche Weiterverwendung auszuschließen, wurde in den vergangenen Jahren die so genannte AD-Spritze (auto-disable) entwickelt. Hier gibt es verschiedene Lösungen und Patente, die – mittels Sollbruchstellen am Kolben, Ventile, usw. ein Wiederaufziehen verhindern. Impfaktionen von UNICEF werden nur noch mit AD-Systemen durchgeführt.

Blister. Stand der Technik sind des weiteren so genannte Blisterverpackungen. Blister finden z.B. für Sichtverpackungen mit einer dem Produkt angepassten thermoverformten, halbstarren oder starren Kunststofffolienfront Anwendung. Rückseitig sind Versiegelungen aus Pappe, Kunststoff- oder Aluminiumfolie gebräuchlich. Anwendungen sind Blister als Verpackungslösung für Kleinartikel, medizinische Einweggeräte, Ampullen oder für Tabletten als Durchdrückpackungen.

Sicht- oder Durchdrückpackungen sind Produktverpackungen, die es dem Kunden erlauben, den verpackten Gegenstand zu sehen. Bei Medikamenten und festförmigen pharmakologischen Produkten (Filmtabletten, Dragees, Pillen usw.) bietet diese Verpackung den Vorteil der Einzelentnahme. unerwünschte Einflüsse, wie hohe Luftfeuchtigkeit oder Schmutz sind ausgeschlossen und sehr wesentlich ist das einfache Erkennen der Restanzahl; die Verpackung wird nach dem ersten Öffnen meist unbrauchbar. Blisterverpackungen sind als Masseprodukt wirtschaftlich sehr interessant und im Vergleich zu Glas- oder Kunststofffläschchen hygienischer.

Bei der Konfektionierung von pharmakologischen Präparaten, wird eine transparente Kunststoff-Folie erhitzt und durch Druckluft verformt. In die entstandenen Vertiefungen werden die Filmtabletten eingefüllt. Eine Deckfolie, zumeist aus Aluminium, verschließt den fertigen Blister (Durchdrückpackung), bevor sie aus dem Folienstrang ausgestanzt wird. Bei einigen Produkten werden die Blister zusätzlich in einen Schlauchbeutel eingeschweißt. Mit einem Beipackzettel versehen, werden sie in eine Faltschachtel geschoben und auf diese variable Daten wie Chargennummer, Herstell- und Verfallsdatum aufgedruckt. Die Verpackung fester Arzneimittel, wie Tabletten und Kapseln in Blisterkarten (Pharma-Durchdrück-Blister) hat sich in den mehr als 40 Jahren ihrer Massenanwendung bewährt.

Bionik. Die Biologie hat im Laufe der Evolution äußerst effiziente und Ressourcen schonende Lösungen hervorgebracht. Konzepte, Bauweisen und Strategien der Biologie unterscheiden sich jedoch in verblüffender Weise von denen der Technik. Bionik stellt eine Verbindung her zwischen den Naturwissenschaften und der Technik. Biosystemanalyse und ingenieurwissenschaftliche Produktentwicklung spannen dabei den Rahmen auf, in dem sich die Aufgabenstellung des hier anvisierten Vorhabens bewegt.

Das Einbringen von kleinen Fluidmengen in das Oberflächengewebe durch einen Einstechvorgang ist für zahlreiche Insekten ein überlebenswichtiger Prozess. Er dient dem Erlegen von Beute und der Verteidigung. Saug- und Stechvorgänge spielen in allen Gattungen eine wichtige Rolle. Auch ortsfeste Lebewesen, wie etwa Nesseln und Polypen haben hocheffiziente Injektions-Verfahren entwickelt. Es ist davon auszugehen, dass hier optimale Problemlösungen existieren, die es aufzuspüren, zu entschlüsseln und beschreiben gilt und die nur deshalb nicht in einer systematisierten Form vorliegen, weil sie als Vorbild technischer Applikationsprozesse bislang nicht nachgefragt wurden.

FSI. Modellierung und Simulation komplexer Fluid-Struktur-Wechselwirkung. Die strukturmechanischen Elastizitäts- und Plastifizierungsvorgänge, die bei der Auslösung eines festen Packguts (Tablette, Kapsel) aus einer Blisterverpackung ablaufen, sind nach dem derzeitigen Stand der Recherche nicht Gegenstand einer Modellierung und Berechnung mit computerunterstützten Verfahren. Genauso wenig ist derzeit die Untersuchung des komplexen Wechselwirkens von Fluiden mit dem beim Auslösen plastisch verformten Strömungsraum bei Kunststoffverpackungen durch Computersimulation Forschungsthema. Das anvisierte Forschungsvorhaben setz genau hier an.

Forschungsfragen

Den industriellen Produktentwickler interessieren in erster Linie technische und technologische Fragestellungen.

Geometrie. Gestaltungsfragen, insbesondere die Geometrieparameter eines neuartigen Applikationssystems.

Prozess. Wechselwirkungen der fluidischen (Wirk-) Stoffe mit der mechanischen Struktur des komplexen Systems zu jedem Zeitpunkt des Applikationsprozesses.

Optimierung. Welche Parameter der Geometrie und des Prozesses bestimmen die Kondition des Systems und sind einer Optimierungskampange zugänglich. Welche Strategien eignen sich besonders?

Fertigung. Besteht eine technische / technologische Realisierbarkeit des Applikationssystems mit (verfügbaren) Verfahren nach dem Stand der Technik? Sind weitere Informationen zur Neu- und Ausentwicklung relevanter Technologien erforderlich?

Bionik. Sind technische und technologische Fragestellungen mit den Ergebnissen der Analyse natürlicher Systeme zu beantworten?

Forschungsansatz.

Als Werkzeuge für die Untersuchung stark flexibler (elastischer und plastifizierter) Körper in der Strömung stoßen die bekannten Untersuchungsmethoden der Strömungssimulation und der Struktursimulation allein jeweils an ihre Grenzen. Die seit etwa 2010 zur Verfügung stehende, bilaterale Kopplung zwischen den Simulationsmethoden der Computational Fluid Dynamics (CFD) und der Finite Elemente Methode (FEM) im kommerziellen Programmsystem ANSYS/ CFX eröffnete die Möglichkeit, ein echtes Verformungsgleichgewicht in der Strömung zu simulieren. Bei diesem Verfahren werden zunächst die Druckwirkungen des Strömungsfeldes als Randbedingungen auf die Oberfläche des Strukturmodells interpoliert. Die sich daraufhin in der FEM-Analyse einstellende Verformung des Körpers ändert die Geometrie für das Strömungsfeld, so dass das dynamische Gleichgewicht der zwischen Struktur und Strömung in mehreren Iterationsschritten bestimmt werden muss.

Projektphasen und Ziele des Forschungsvorhabens

Vorstudie. Im Vorfeld der Untersuchung wird ein verallgemeinertes Prozessmodell der Applikation fluidischer Stoffe in Oberflächengewebe erstellt. Hierzu ist eine Zusammenarbeit mit Experten im klinischen Bereich erforderlich.

Zeitgleich erfolgt ein Überblick über relevante biologische Strukturen und Systeme (Survey-Studie). Gegenstand der Forschung sind biologische Systeme hinsichtlich ihres Potenzials der Übertragung auf Geometrie und Prozessablauf.

Konzeptphase. Entschlüsselung von Bauprinzipien.

Die Survey-Studie ist Datenbasis für die Extraktion allgemeingültiger Gestaltungsregeln, prinzipieller Lösungen und deren Darstellung in mathematischen und physikalischen Modellen.

Konzeptphase. Prozessmodell.

Das verallgemeinerte Prozessmodell der Applikation fluidischer Stoffe in Oberflächengewebe dient (in der Art einer Erfüllungs-Matrix) zur Klärung der nachfolgenden Forschungs- und

Entwicklungsaufgaben. Es ist nun möglich ein Plichenheft der Produktentwicklung zu erstellen.

Konzeptphase. Simulation.

FEM. Zunächst erfolgt eine Übertragung des Lösungsprinzips auf ein einfaches numerisches Modell (Finite Elemente Methode /FEM) und die Simulation und systematische Untersuchung unterschiedlicher Geometrien und Beaufschlagungsszenarien.

CFD und FSI. Die an der Beuth Hochschule für Technik Berlin verfügbare Software zur Kopplung von Simulationsmethoden der Computational Fluid Dynamics (CFD) und Finite Elemente Methode (FEM) im kommerziellen Programmsystem ANSYS/ CFX eröffnete die Möglichkeit, einen realen Lasteintrag und eine Fluid- Struktur-Wechselwirkung zu simulieren. Hierbei wird zunächst der Lasteintrag des Strömungsfeldes auf die Oberfläche des Strukturmodells untersucht. Die in der FEM-Analyse ermittelte Verformung des Körpers ändert sodann dessen Verhalten im Strömungsfeld. Das dynamische Gleichgewicht zwischen Struktur und Strömung wird in mehreren Iterationsschritten bestimmt.

Konzeptphase. Technisches Lösungsprinzip.

Auswertung der Analyseergebnisse und Bewertung hinsichtlich einer Übertragung der Erkenntnisse auf Produkte im pharmazeutischen Bereich.

Entwurfsphase und Konstruktion.

Aus der Analysephase existieren zu diesem Zeitpunkt bereits Geometriemodelle, die eine Grundlage bilden für die Konstruktion eines Blister- Injektionssystems. Die Konstruktion erfolgt in enger Zusammenarbeit mit dem Industriepartner.

Projektziel ist die Untersuchung biologischer und die Entwicklung technischer Injektionssysteme mit den Mitteln der computerunterstützten Konstruktion (CAD) und der numerischen Simulation und Berechnung (FEM und CFD).

Erwartet werden sowohl prinzipielle gestalterische Lösungen, verallgemeinerte Verfahrens- Ablaufprozesse und eine konkrete Produktentwicklung.

Bibliographie und weiterführende Literatur

[Bapp-99] Bappert, R. Bionik, Zukunftstechnik lernt von der Natur. SiemensForum München/Berlin und Landesmuseum für Technik und Arbeit (Herausgeber): 1999

[Bech-97] Bechert, D.W., Biological Surfaces and their Technological Application. 28th AIAA Fluid Dynamics Conference: 1997

[Die- 08] Henk, B., Litvinova, V., Dienst, Mi. (2008) Einwegspritzensystem auf Blisterbasis zur Entnahme einer Körperblutprobe. IPC A61B /5/157 (2006.1) GM-Nr. 20 2008 010 918.3.

[Die-09] Dienst, Mi.(2009) Physical Modelling driven Bionics. Computerunterstützte Vorgehensweise bei der Übertragung biologischer Phänomene in Technik. GRIN-Verlag München.

[Henk-11] Sabotka, I., Henk, B.,(2011) Einwegspritzensysteme auf Blisterbasis. In Verpackungsrundschau 5/2011, S.134. P. Keppler Verlag Heusenstamm. ISSN 0341-7131.

[Kreb-08-2] Krebber, B.: "i-mech". Untersuchung der intelligenten Mechanik von Fischflossen mit Hilfe von FSI-

Simulation. Forschungsbericht der Technischen Fachhochschule Berlin 2007/08

[Kreb-08-1] Krebber, B., H.-D. Kleinschrodt und K. Hochkirch: (2008) Fluid-Struktur-Simulation zur Untersuchung intelligenter Mechanik von Fischflossen. ANSYS Conference & 26. CADFEM Users´ Meeting,

[Nach-98] Nachtigall, W.: Bionik. Grundlagen und Beispiele für Ingenieure und Naturwissen-schaftler. Springer-Verlag, Berlin-Heidelberg-New York 1998.

[Nach-00] Nachtigall, W.; Blüchel, K. Das große Buch der Bionik. Stuttgart: Deutsche Verlags Anstalt: 2000.

[Rech-94] Rechenberg, Ingo, (1994) Evolutionsstrategie. Frommann Holzboog Verlag Stuttgart- Bad Cannstatt.

[Siew-10] Siewert, M; Kleinschrodt, H-D; Krebber, B; Dienst, Mi. (2010) FSI- Analyse auto-adaptiver Profile für Strömungsleitflächen. In: Tagungsband, ANSYS Conference & 28th CADFEM Users' Meeting Aachen 2010.

[Siew-11] Siewert, M; Kleinschrodt, H-D.(2011) Bionical Morphological Computation. In: Nachhaltige Forschung in Wachstumsbereichen Bd.1, Logos Verlag Berlin.

Technische Beschreibung

IPC A61B /5/157 (2006.1)

GM Nr. 20 2008 010 918.3.

Einweg-Spritzensystem auf Blister- Basis zur Entnahme einer Körperblutprobe

Stand der Technik

Ein herkömmliches Einweg-Injektionssystem zur Entnahme von Körperblut, nachfolgend Einweg-Spritzensystem genannt, besteht aus einem zylinderförmigen Behälterraum, einem in der Regel von Hand beweglichen Kolben, einer Injektionsnadel und einer abnehmbaren Haube die die Injektionsnadel vor und nach dem Gebrauch schützt. Die Injektionsnadel wird mit dem Zylindervolumen durch Montage durch den Benutzer verbunden. Nach der Injektion wird durch eine Bewegung des Kolbens eine Volumenvergrößerung erreicht. Wegen des herrschenden Druckgefälles strömt das Fluid (Blut) durch die Injektionsnadel in den Zylinder ein(Punktion). Zylindergeometrie (Hub, Durchmesser) sowie Länge und Kaliber der Injektionsnadel variieren nach Art der Anwendung. Zylinderförmiger Behälterraum und Kolben bilden ein hydraulisches System. Das hydraulische System bildet mit Injektionsnadel und Haube ein funktionales Gesamtsystem.

Stand der Technik sind des weiteren so genannte Blisterverpackungen. Blister finden z.B. für Sichtverpackungen mit einer dem Produkt angepassten thermoverformten, halbstarren oder starren Kunststofffolienfront Anwendung. Rückseitig sind Versiegelungen aus Pappe, Kunststoff- oder Aluminiumfolie gebräuchlich. Anwendungen sind Blister als Verpackungslösung für Kleinartikel, medizinische Einweggeräte, Ampullen oder für Tabletten als Durchdrückpackungen.

Problembeschreibung

Der Erfindung liegt das Problem zu Grunde, dass bei herkömmlichen Einweg-Injektionssystemen für bestimmte Punktions- und Applikationsarten (geringe Eindringtiefe) der strukturelle Aufwand groß, der Materialaufwand hoch (Kosten) und die Handhabung ist in erster Linie nur durch den geschulten Anwender möglich ist. Dies ist beispielsweise bei einer Massenanwendung im Katastrophenfall oder einer raschen Blutanalyse von Nachteil.

Bei Einweg-Injektionssystemen ist eine effiziente Handhabung dadurch erschwert, dass Hygienebelange bei der Montage vor Gebrauch, sachgemäße Handhabung während der Punktion und Sicherheitsaspekte bei der Demontage nach Gebrauch zu beachten sind. Bei einer herkömmlichen Blutanalyse ist gegebenenfalls eine Zwischenlagerung der Blutprobe in anderen Gefäßen für die Zusammenführung mit Reagenzien nötig. Hier können Kennzeichnungsfehler, Verwechselungen oder Handhabungsfehler folgenschwer sein.

Problemlösung

Mit der Erfindung wird erreicht, dass durch eine Kombination aus Blister, Injektionssystem und Analyseeinheit in einer integrierten Bauweise (hydraulischer Raum) ein preisgünstiges und in der Handhabung einfaches Einweg- Injektions- und Analysesystem entsteht.

Die Blutanalyseeinheit kann als integraler Bestandteil des Blister-Injektionssystems ausgeführt werden. Der hydraulische Raum beherbergt dann ein chemisches Reagenz. Die Änderung visueller Parameter aufgrund der Reaktion des Blutes mit dem Reagenz kann durch das transparente Blistermaterial registriert, analysiert und visuell dargestellt werden.

Erreichbare Vorteile

Das gebrauchsfertige Einweg-Injektionssystem besteht aus einem einzigen Komplexteil und eignet sich zur Massenproduktion. Die integrierte Bauweise verringert den strukturellen Aufwand (Volumen, Gewicht). Montage und Demontage der Einzelteile vor und nach der Anwendung entfällt. Die Handhabung ist auch dem ungeschulten Anwender möglich.

Aufbau, Wirkungsweise und bauliche Ausführung.

Die Erfindung nach Anspruch 1 betrifft ein Einweg-Injektionssystem zum Punktieren und zur Blutentnahme. In das Einweg-Injektionssystem ist eine Analyseeinheit integrierbar. Die Analyse kann nach der Blutentnahme erfolgen direkt im Einweg-Injektionssystem erfolgen.

Zum Aufbau des Einweg-Injektionssystems

Figur 1 zeigt eine schematische Darstellung des Aufbaus des Einweg-Injektions-systems in gefügtem Zusatnd bestehend aus den Bauteilen Blistergehäuse B (schematisch in Figur 4), Injektionsstempel I (schematisch in Figur 3) und einer Schutzfolie S, die das Gesamtsystem gegenüber Außen hermetisch verschließt. Figur 5 zeigt eine verpackungstechnische Anordnung mehrerer Blister in einem Display.

Der Injektionsstempel I trägt stoffschlüssig die Kanüle K des Injektionssystems. Die Randkante des Injektionsstempels I ist als Wulst ausgeführt. Injektionsstempel und Blistergehäuse sind über eine Linienschweißverbindung auf der Höhe des Wulstes gefügt und bilden einen hydraulischen Raum H aus. Hier, im Kopfbereich des Blisters befindet sich der Raum für die Analyseeinheit R. Der untere Bereich des Blistergehäuses bildet einen Sockel aus, der mit einer ebenen Sockelplatte abschließt. Der Hohlraum unterhalb des Injektionsstempels I ist mit dem hydraulischen Raum H im Kopfbereich nur über die Kanüle K des Injektionsstempels I verbunden. Der Innenraum des Einweg-Injektionssystems ist mit Atmosphärendruck begast, so dass keine Ausformung der Schutzfolie S auftritt.

Die Analyseeinheit im hydraulischen Raum H des Einweg-Injektionssystems kann mit hygroskopischem Trägermaterial ausgestattet sein, das eine osmotischen Saugkraft entwickeln kann.

Die Analyseeinheit ist in ihrer Beschaffenheit und Konstruktion nicht Gegenstand der Erfindung nach Anspruch 1.

Zur Wirkungsweise und Handhabung.

Das Einweg-Injektionssystem wird über die Fingerkraft des Anwenders beaufschlagt. Zunächst wird zwischen Schutzfolie S und der Haut des Probanden eine schlüssige Auflageverbindung hergestellt. Ein Anwender oder der Proband selbst setzt nun den Applikationsprozess in Gang, indem er mit dem Finger auf den Kopf des Blisters drückt. Die beaufschlagende Kraft bewirkt konstruktionsbedingt zuerst eine elastische Verformung des Blistergehäuses B im Kopfbereich und eine Volumenverkleinerung im Bereich des hydraulischen Raumes H. Im weiteren Verlauf der Beaufschlagung durchbricht die Kanüle K zuerst die Schutzfolie S. Dann wird das Blistergehäuse B im Sockelbereich plastisch verformt und die Kanüle K dringt in das Hautgewebe ein, wie schematisch in Figur 2 dargestellt. Der hydraulische Raum H ist zu diesem Zeitpunkt weiterhin durch die Druckkraft beaufschlagt (elastische Verformung). Bei Entlastung bewirkt eine elastische Rückverformung des hydraulischen Raumes H (gegebenenfalls in Union mit der osmotischen Saugkraft des Trägermaterials der Analyseeinheit) ein Ansaugen von Körperblut durch die Kanüle K.

Bei vollständiger Entlastung kommt es nach den Gesetzen der Strömungsmechanik zu einem Gleichgewichtszustand; der hydraulische Raum H ist mit Fluid angefüllt. Das Einweg-Injektionssystem kann von der Haut entfernt werden. Die Blutprobe steht zu einer nachfolgenden Analyse bereit.

Hinsichtlich der verwendeten Werkstoffe kann nach der Analyse das Injektionssystem einer Entsorgung zugeführt werden, wie sie für Blisterverpackungen üblich ist.

Zur Ausführung des Einweg-Injektionssystem.

Das Blistergehäuse B (Figur 4) wird nach den in der Verpackungstechnik üblichen Verfahren aus PVC Hartfolie hergestellt (Tiefziehverfahren, Formblasen oder andere thermoplastische Verfahren).
Der Injektionsstempel I (Figur 3) ist ein Spritzgussteil aus einem Material hoher Steifigkeit und mechanischer Festigkeit. Im Bereich des Wulstes wird thermisch Bearbeitbarkeit (Schweißbarkeit) gefordert. Die Spritzgießformen sind so zu gestalten, dass die geforderte Fertigungsqualität hoch ist und beispielsweise Angüsse, Steiger oder Grate nicht im Bereich des Wulstes angeordnet sind. Die Kanüle K des Injektionssystems ist stoffschlüssig in den Injektionsstempel gefügt, oder als ein Integralbauteil ausgeführt.

Bei der Gestaltung des Blistergehäuses B sind Geometrie und lokale Materialstärken hinsichtlich elastischer Verformung im Kopfbereich und plastischer Verformung im Sockelbereich in

Abhängigkeit vom verfahrensbedingten Beaufschlagungsverlauf zu optimieren und abzustimmen.

Die stoffschlüssige Verbindung zwischen Blistergehäuse B und Injektionsstempel I ist mit Laserschweißverfahren nach Stand der Technik ausführbar. Sockel und Schutzfolie S werden entweder mit einer Klebeverbindung oder ebenfalls mit Laserschweißverfahren gefügt.

Zum Transport, zur Lagerung und zur Handhabung des Einweg-Injektionssystem können mehrere Einheiten organisatorisch zusammengefasst werden (Figur 5).

University of Applied Sciences Berlin, Germany

FIGUR 1

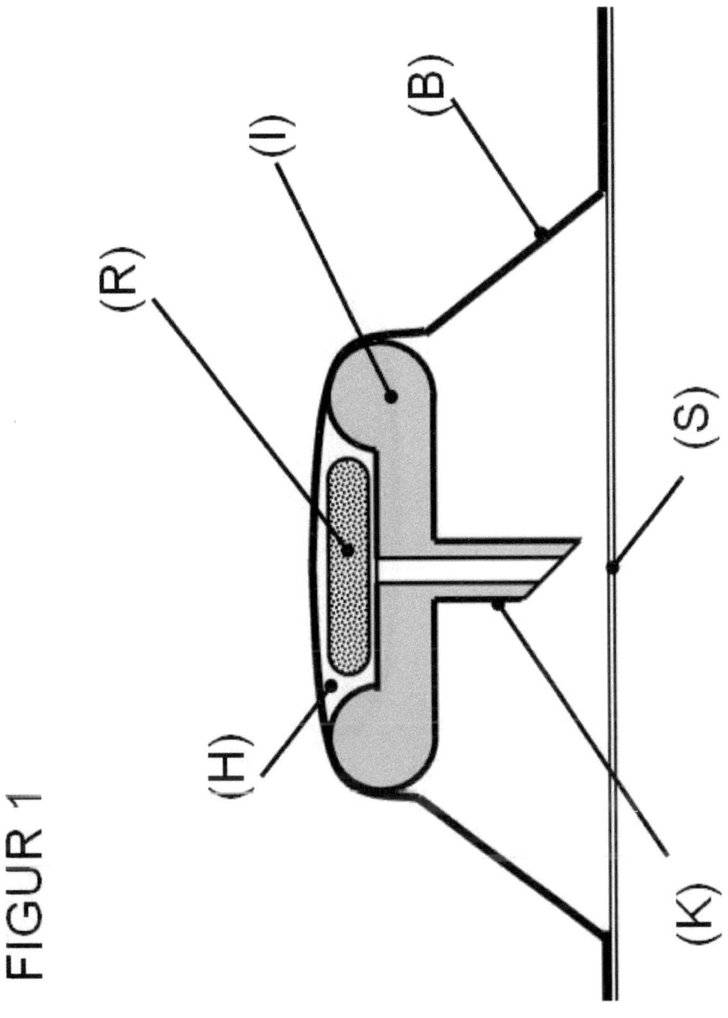

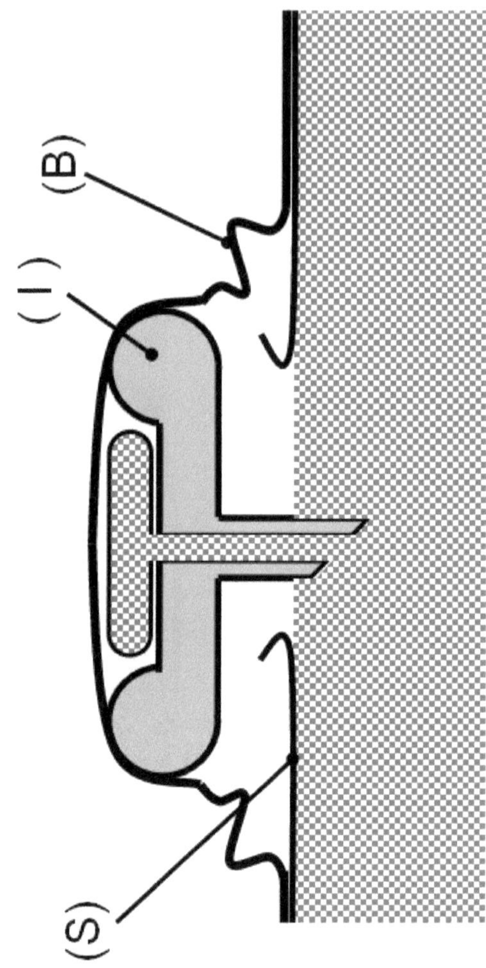
FIGUR 2
(B)
(I)
(S)

Einwegspritzensystems auf Blisterbasis

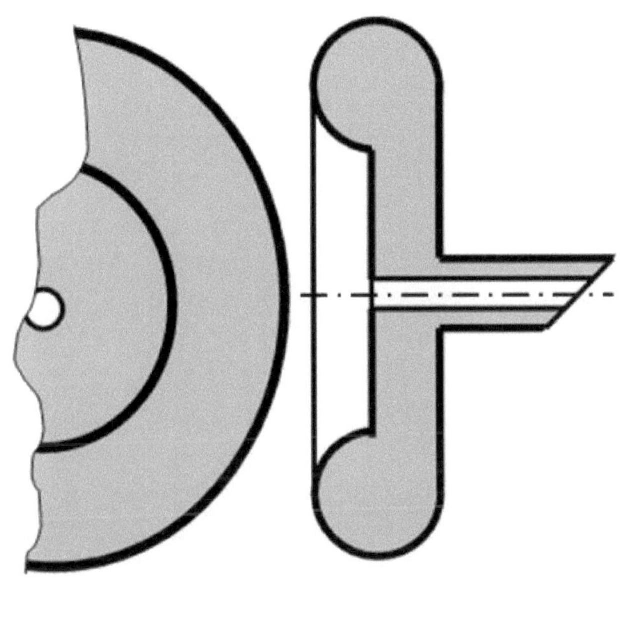

FIGUR 3

University of Applied Sciences Berlin, Germany

FIGUR 4

FIGUR 5

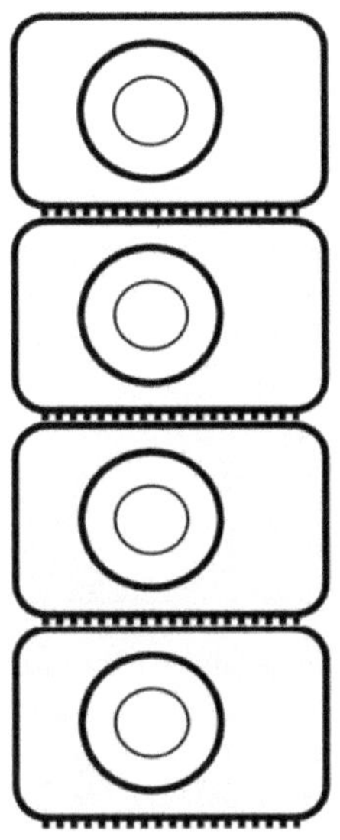

Schutzansprüche

1.   Einweg-Injektionssystem zur Entnahme von Körperblut dadurch gekennzeichnet,

dass Blistergehäuse, Injektionsstempel und Schutzfolie eine konstruktive Einheit darstellen.

2.   Einweg-Injektionssystem nach Anspruch 1 dadurch gekennzeichnet,

dass Blistergehäuse und Injektionsstempel formschlüssig verbunden sind und einen hydraulischen Raum ausbilden in dem ein chemisches Reagenz positioniert werden kann, welches zur Blutanalyse dient.

3.   Einweg-Injektionssystem nach Anspruch 1 dadurch gekennzeichnet,

dass Injektionsstempel und Kanüle eine konstruktive Einheit darstellen.

4.   Einweg-Injektionssystem nach Anspruch 1 dadurch gekennzeichnet,

dass Blistergehäuse und Schutzfolie durch eine Klebeverbindung einen hermetischen Raum bilden.

5.   Einweg-Injektionssystem nach Anspruch 1 dadurch gekennzeichnet,

dass Geometrie und Materialauswahl des Blistergehäuses geeignet ist, bei mechanischer Beaufschlagung gleichzeitig eine elastische Verformung im Kopfbereich und eine plastische Verformung im Sockel zu leisten.